NOTIONS D'AGRICULTURE

NOTIONS

D'AGRICULTURE

A L'USAGE

DES ÉCOLES PRIMAIRES

PAR

LE BARON A. DE VILLIERS DE L'ISLE-ADAM

AGRICULTEUR

OUVRAGE RECOMMANDÉ PAR M. LE PRÉFET DE LA SARTHE, PAR LE CONSEIL ACADÉMIQUE DE LA SARTHE,
APPROUVÉ PAR LA SOCIÉTÉ D'AGRICULTURE, SCIENCES ET ARTS DE LA SARTHE

Deuxième Édition

LE MANS

LEGUICHEUX-GALLIENNE, LIBRAIRE-ÉDITEUR

15, Rue Marchande, et rue Bourgeoise, 16

NOTIONS

D'AGRICULTURE

A L'USAGE

DES ÉCOLES PRIMAIRES

LEÇON I.

Ce que c'est que l'Agriculture. — Avantage de l'instruction. — Prudence dans les améliorations.

L'Agriculture est l'art de cultiver la terre, c'est le premier et le plus utile de tous les arts, car il procure aux hommes les choses les plus indispensables à la vie : le blé, la viande, la laine, le chanvre, c'est-à-dire la nourriture et le vêtement.

On est trop disposé à croire dans les campagnes que la culture de la terre est de toutes les professions la moins avantageuse et que, pour un cultivateur, l'instruction et même l'intelligence ne servent pas à grand'chose. Ce sont là deux grandes erreurs. Le travail de la terre n'est pas plus pénible que la plupart des travaux de l'industrie et il est beaucoup plus favorable à la santé.

L'Agriculture peut enrichir et l'on en a aujourd'hui de nombreux exemples ; on ne peut pas y espérer de ces fortunes rapides qui se font quelquefois dans l'industrie et dans le commerce, mais aussi l'on n'a pas à craindre ces ruines subites dont on voit dans le commerce de si fréquents et si malheureux exemples. Si la plupart des cultivateurs ont beaucoup de mal et peu de profit, cela vient justement de ce que l'instruction leur manque.

Sans doute on peut labourer la terre et semer du blé sans même savoir lire, on peut bien aussi faire du commerce sans savoir lire, et cependant il n'y a pas un commerçant qui ne fasse donner de l'instruction à ses enfants, parce qu'il sait fort bien qu'étant instruits ils réussiront mieux que sans instruction. L'instruction est tout aussi utile au cultivateur qu'au commerçant

L'Agriculture fait de grands progrès ; chaque année on invente de nouveaux instruments, on imagine de nouvelles méthodes de culture ; le cultivateur ignorant reste étranger à toutes ces choses, il continue à cultiver la terre comme on le faisait il y a cent ans, sans songer que les temps ne sont plus les mêmes, aussi a-t-il, je le répète, beaucoup de peine et peu de profit. Supposez donc un voiturier avec ses chevaux et sa charrette persistant à vouloir faire concurrence aux chemins de fer.

Il ne faut pas croire cependant qu'il suffise d'avoir passé quelques années sur les bancs d'une école et lu quelques livres d'agriculture pour être un agriculteur habile et en remontrer aux meilleurs cultivateurs du pays : l'instruction est complétement insuffisante sans l'expérience pratique; mais l'homme instruit acquiert beaucoup plus promptement que l'homme ignorant, une expérience plus complète.

L'art de cultiver la terre, comme toutes les choses humaines, n'est point arrivé et n'arrivera jamais à la perfection ; si bien qu'un homme cultive, il est toujours possible de cultiver mieux encore. Gardez-vous donc de croire qu'il ne se fait rien de mieux que ce que vous voyez dans votre commune et ne repoussez pas toute espèce de perfectionnement par cette unique raison que ce n'est pas la coutume du pays.

Il serait tout aussi déraisonnable d'adopter à la légère toutes les méthodes dont on entend parler, et le cultivateur qui agirait ainsi courrait risque de faire de très-mauvaises affaires. Avant d'adopter une méthode nouvelle, il faut la bien connaître, en savoir les avantages, les inconvénients et les conséquences, et, s'il est possible, l'avoir vue pratiquer.

Dans tous les cas, on fera bien de n'essayer que sur une petite étendue de terre en apportant néanmoins à cet essai tout le soin possible, et il ne faudra pas se décourager quand un premier essai n'aura pas réussi, Lorsqu'à votre tour vous serez devenus cultivateurs, n'oubliez pas que pour bien réussir en agriculture, deux qualités sont indispensables : la prudence et la persévérance.

LEÇON II.

Sol et sous-sol. — **Marnage.** — **Chaulage.** — **Drainage.** — **Irrigations.**

On nomme sol la partie de la terre qui est habituellement atteinte par les instruments de labour, et l'on donne le nom de sous-sol à la terre située immédiatement au dessous du sol.

Les sols sont **sablonneux, argileux** ou **calcaires.**

Les sols **sablonneux** sont ceux où le sable est en grande proportion ; ils se travaillent aisément en toute saison, par la pluie comme par la sécheresse, mais ils ont un défaut très-grave : c'est de ne pas retenir l'eau suffisamment ; le moindre coup de soleil les dessèche. Le froment n'y réussit pas, on y cultive principalement le seigle et la pomme de terre.

Les sols **argileux** sont ceux où l'argile est en plus forte proportion que le sable ; ils absorbent une grande quantité d'eau et forment alors une pâte collante, les longues sécheresses de l'été y produisent de larges crevasses. Ces sols sont beaucoup plus pénibles à travailler que les terres sablonneuses, mais ils sont bien moins exposés à souffrir de la sécheresse, on peut y faire des cultures plus variées et ils sont en général beaucoup plus productifs.

Les sols **marneux** ou **calcaires** sont ceux qui renferment une grande quantité de chaux, la pluie les détrempe facilement, mais ils conservent mal leur fraîcheur; la sécheresse ne les durcit pas comme les sols argileux. Les sols très-calcaires sont en général très-peu productifs.

Les meilleures terres sont celles qui contiennent assez de sable pour se travailler facilement, assez d'argile pour ne pas perdre trop promptement leur fraîcheur pendant les chaleurs de l'été, plus une petite quantité de chaux; elles doivent en outre contenir de l'**humus** ou **terreau** qui leur donne une couleur noire et plusieurs autres matières dont nous dirons un mot en parlant des engrais.

Quand une terre est trop argileuse, on peut l'adoucir en y mêlant du sable, de même quand une terre est trop sablonneuse, on peut lui donner plus de consistance en y mêlant de l'argile, mais cela ne peut se faire que dans les jardins; la grande quantité de sable ou d'argile qu'il faudrait transporter donnerait lieu à une dépense trop considérable.

Il n'en est pas de même des terrains qui ne contiennent pas assez de chaux; on peut leur en fournir sans une trop grande dépense parce, qu'une petite quantité de cette matière produit un effet suffisant. Pour cela on emploie tantôt de la chaux cuite, comme celle dont se servent les maçons pour leur mortier, tantôt de la marne qui est une pierre calcaire très-tendre, se laissant aller aisément à la gelée; la première opération se nomme chaulage et la seconde, marnage.

Il y a deux manières de faire le **chaulage** : on rassemble sur le bord d'une pièce de terre des curures de fossés, des gazons tirés du pied des haies etc., et l'on en forme un monceau étroit et long au milieu duquel on ménage une espèce de fossé où l'on dépose la chaux à son arrivée du four; on a soin de la recouvrir de suite avec de la terre. Quelques jours après la chaux est tombée en poussière, on recoupe alors le monceau au croc et à la pelle en mélangeant bien la chaux avec le terreau et on reforme le tas. On recoupe encore une ou deux fois le monceau, à une quinzaine de jours d'intervalle, puis on le charroie, on l'étend à la pelle et on l'enterre comme on ferait pour du fumier. Certains cultivateurs mélangent la chaux avec du fumier, c'est une mauvaise pratique également condamnée par la science et par l'expérience : la chaux vive fait perdre au fumier une partie de sa richesse.

Au lieu de préparer toute la chaux dans un seul monceau, on peut la déposer par petits tas dans le champ comme du fumier; chaque petit tas est recouvert de suite avec quelques pelletées de terre, puis mélangé deux ou trois fois à quelques jours d'intervalle, ensuite on étend les tas le plus également possible et l'on enterre la chaux.

La quantité de chaux nécessaire est de 20 à 30 hectolitres par hectare, l'effet d'un chaulage se fait sentir pendant plusieurs années.

L'emploi de la **marne** est encore beaucoup plus simple, on la charroie dans les champs pendant l'hiver et on l'étend pour que les gelées l'attendrissent; on l'enterre ensuite en labourant. La quantité de marne nécessaire pour un hectare est de 20 à 50 mètres cubes.

ralement avoir lieu que pendant l'hiver et au commencement du printemps jusqu'au mois d'avril. Malgré cela, aucun fermier soigneux ne doit négliger de recueillir et d'utiliser les moindres quantités d'eau de pluie.

Pour arroser au moyen de l'eau des rivières, il faut y établir un barrage dans la partie la plus haute possible du pré ; ce barrage fait déborder l'eau que l'on conduit par des rigoles sur toute la surface du pré. Quand les circonstances ne permettent pas d'établir un barrage, on puise l'eau de la rivière avec des pompes souvent mises en mouvement par des machines à vapeur.

La construction des barrages, l'établissement des pompes et des conduites d'eau sont des travaux très-difficiles qui ne peuvent être convenablement exécutés que sous la direction d'un ingénieur, toutes les fois qu'il sagit de travaux de quelqu'importance.

Quant à l'arrosage au moyen de l'eau de pluie, tout fermier peut le pratiquer ; il s'agit de recueillir l'eau dans l'endroit le plus haut possible et de la diriger à travers le pré en suivant les parties du terrain les plus hautes que l'eau puisse atteindre. Les rigoles doivent être petites et peu profondes, autrement elles boiraient une grande partie de l'eau. On arrête l'eau dans la rigole au moyen d'une planche ou d'une pelisse d'herbe, de manière à la faire déborder, puis quand la terre paraît assez arrosée, on enlève le petit barrage et on le reporte un peu plus loin. Quand la quantité d'eau dont on dispose est très-petite, il vaut bien mieux arroser seulement une partie du pré et l'arroser convenablement que de disperser l'eau sur toute l'étendue du pré où quelques jours de sécheresse suffiraient pour la dissiper.

LEÇON III

Engrais. — Nutrition des plantes. — Fumiers. — Engrais de Commerce.
— Plâtre. — Vidanges. — Charrées, etc.

Les plantes ont besoin de nourriture tout comme les animaux, quoiqu'elles ne se nourrissent pas de la même manière : elles puisent une partie de leur nourriture dans la terre par leurs racines et une autre partie dans l'air par le moyen de leurs feuilles.

Quand on soumet une plante quelconque à l'action du feu : du blé, du trèfle, des pommes de terre etc., une partie de la plante est brûlée et une autre partie résiste au feu et reste sous forme de cendres. La partie qui a été détruite par le feu se nomme matière **organique**; les cendres prennent le nom de matière **inorganique** ou **minérale.**

Les matières organiques, quelque variées qu'elles nous paraissent, sont toutes formées par la combinaison de quatre substances : l'**Oxigène,** l'**Hydrogène,** le **Carbone** et l'**Azote**. — Les matières minérales sont d'une composition beaucoup plus compliquée et renferment une dizaine de substances dont les principales sont : **l'acide phosphorique**, la **potasse**, la **chaux,** la **magnésie** et le **fer**. On a cru pendant longtemps que les matières minérales qui forment les cendres étaient simplement entrainées par la sève et sans utilité réelle pour la plante, mais l'expérience a prouvé que toutes les substances minérales qu'on trouve dans les cendres sont non-seulement utiles, mais indispensables.

Ce n'est pas assez pour le cultivateur de connaître quelle est la nourriture des plantes, il faut encore qu'il sache d'où elle la tirent. L'oxigène, l'hydrogène, le carbone et l'azote se trouvent en abondance dans l'air : des expérience très-curieuses ont prouvé que les plantes y puisent par le moyen de leurs feuilles une assez grande quantité d'oxygène, d'hydrogène et de carbone, mais quoique l'azote forme à lui seul les quatre cinquièmes de l'air que nous respirons, les plantes ne paraissent pas se l'approprier en quantité notable.

L'oxigène, l'hydrogène, le carbone et l'azote, se trouvent aussi dans la terre sous forme d'humus ou terreau qui nourrit les plantes par le moyen de leurs racines. Ainsi presque tout l'azote que contiennent les plantes est emprunté à la terre, c'est pour cette raison que l'on estime particulièrement les engrais renfermant beaucoup d'azote.

Quant aux matières minérales, les plantes ne peuvent les trouver que dans la terre et remarquons que quelques-unes d'entre elles, l'acide phosphorique par exemple, n'existent presque toujours dans la terre qu'en très-petite quantité.

D'après ce que nous venons de dire, il est aisé de comprendre comment il se fait qu'un champ ne peut pas continuellement produire des récoltes sans qu'on lui rende par le moyen des engrais ce que les récoltes lui ont enlevé.

L'engrais le plus utile et le plus généralement employé est le fumier des bestiaux, mais il est rare qu'on le prépare avec tout le soin convenable. Voici une manière simple et facile de faire de bon fumier.

Il faut d'abord dresser la place à fumier, en lui ménageant un peut de pente, de telle sorte que tout le juin qui s'écoulera du tas de fumier vienne se rassembler en un seul endroit où l'on creuse une fosse pour le recuillir. Tout autour de la place à fumier on dispose un petit bourrelet de terre d'une quinzaine de centimètres de hauteur et beaucoup plus large, de telle sorte que les voitures puissent facilement passer par dessus sans cependant le détruire. Ce bourrelet a pour but d'empêcher le juin de s'écouler hors de la place à fumier et l'eau de pluie de se mêler au juin.

Le fumier amené des étables doit être de suite étendu sur le tas par couche regulières, puis foulé aux pieds pour le tasser. Dans les temps secs, le fumier a besoin d'être arrosé avec du juin si l'on en a et même au besoin avec de l'eau, si le juin manque. Une trop grande humidité n'est pas moins nuisible au fumier qu'une trop grande sécheresse, aussi ne doit-on pas recommander l'usage des trous profonds comme on en voit dans quelques fermes et où l'eau de pluie provenant des cours et des toits, vient souvent se rassembler. Ces sortes de fosses sont en outre très-incommodes pour les charrois de fumier.

Au lieu d'élever le tas de fumier sur toute la grandeur de la place, il vaut beaucoup mieux ne le faire que sur la moitié ; lorsque ce premier tas est arrivé à une hauteur suffisante, on en commence un autre à côté. De cette manière, il est toujours facile d'employer le fumier le plus vieux le premier.

On pourrait bien charroyer le fumier dans les champs au sortir des étables, mais on n'a pas toujours de la terre disponible pour être fumée, et d'un autre côté, du fumier trop pailleux n'est pas facile à enterrer, c'est là ce qui donne lieu à la nécessité de conserver le fumier en formes. Au bout de deux mois environ, il a acquis toute sa qualité et il ne peut plus que perdre en l'y laissant plus longtemps, il est donc très à propos de charroyer le fumier dans les champs et de l'enterrer aussitôt que les circonstances et les autres travaux le permettent.

Les juins ou purins des fumiers et les urines des bestiaux sont des engrains précieux, il faut les recueillir avec soin, bien loin de les laisser perdre comme le font malheureusement encore beaucoup de fermiers. Il y a plusieurs manières d'utiliser le juin et les urines : en peut les charroyer dans de vieilles bariques et en arroser des prés, du trèfle ou des luzernes pendant l'hiver ou même de la terre en labour, on peut aussi rassembler en un monceau des bales de grains, de la boue des cours ou des chemins, des feuilles sèches etc., et arroser le monceau avec du juin. Le terreau ainsi préparé forme un très-bon engrais pour les prés.

Ce n'est pas assez pour un bon cultivateur de bien soigner ses fumiers et de ne rien laisser perdre de ce qu'il peut utiliser, il faut encore qu'il achète la plus grande quantité possible d'engrais. La charrée et la suie produisent de très-bons effets sur les prairies, les vidanges sont aussi un excellent engrais, mais ces diverses matières ne peuvent guère être employées en quantité un peu considérable que par les cultivateurs voisins des villes.

Depuis quelques années, on peut se procurer partout du guano du Pérou; après l'avoir bien pilé et tamisé, on le sème en même temps que le grain, ou encore au printemps sur des blés, des trèfles ou des luzernes. Quand le guano ne peut pas être enterré, comme cela a lieu sur du trèfle, il faut choisir autant que possible pour le semer un temps calme et une petite pluie fine, de la rosée ou du brouillard, de telle sorte que le guano tombe sur la terre humide; on peut en mettre de 200 kilog, à 300 kilog. par hectare et même davantage.

Le guano donne des résultats très-avantageux, mais il ne faut pas oublier que l'effet du guano ne dure qu'une saison et que si l'on faisait toujours produire des récoltes à une pièce de terre au moyen du guano et sans y mettre de fumier, on ne tarderait pas à l'épuiser.

A l'imitation du guano du Pérou, on fabrique maintenant beaucoup d'engrais avec des déchets de boucherie et plusieurs autre matières; ces engrais sont très-bons quand il sont consciencieusement préparés. Malheureusement il n'en est pas toujours ainsi, et le guano du Pérou lui-même est souvent fraudé. Le meilleur moyen de ne pas être trompé, c'est de n'acheter ces engrais qu'à des marchands bien connus pour leur honnêteté; ceux-là ont tout intérêt à ne vendre que de bonne marchandise, autrement ils ne tarderaient pas à perdre leurs pratiques et leur réputation.

Beaucoup de marchands garantissent la composition de leurs engrais, c'est une très-bonne garantie. Les engrais qui ont le plus de valeur sont ceux qui contiennent le plus d'azote et de phosphate ; les engrais très-riches en phosphates, comme le phospho-guano conviennent surtout pour les grains, les navets et les betteraves.

Le plâtre, semé au printemps, par un temps humide sur les trèfles, les luzernes et les vesces produit souvent un très-bon effet; il en faut environ 100 kilog. par hectare.

On emploie aussi quelquefois un autre moyen de suppléer à l'insuffisance des fumiers; c'est de semer des récoltes fourragères que l'on enterre par un labour au lieu de les faire consommer au bétail. Le sol profite ainsi de toute la partie de leur nourriture que les plantes ont prise dans l'air; le lupin, les vesces et le sarrazin conviennent très-bien pour cet usage.

LEÇON IV.

Labours. — Charrue, herse, rouleau, cultivateur. — Labours en planches et en sillons.

Les labours ont pour but d'ameublir le sol et de détruire les mauvaises herbes ; on les fait au moyen de la charrue. Avant d'étudier les labours, il faut que nous parlions de la charue.

Dans toute charrue on distingue six pièces principales : le **soc** qui pénètre dans le sol, coupe les racines des mauvaises herbes et commence à soulever la bande de terre. — **Le versoir**, aussi nommé **épaule**, continue le travail commencé par le soc en retournant le bande de terre. — En arrière du soc et à coté du versoir se trouve le **sep** ou **semelle** qui glisse sur la terre au fond de la raie et règle la marche de la charrue. — L'**age** ou la **perche** est cette longue pièce de bois sur laquelle le soc, le sep et le versoir sont assemblés au moyen de deux pièces que l'on nomme **étançons** ; l'étançon le plus voisin du soc est beaucoup plus fort que l'autre et prend souvent le nom d'**avant-corps**. — Sur la perche et un peu en avant de la charrue se trouve fixé le **coutre** qui a pour fonction de détacher en côté la bande de terre qui va être soulevée et retournée par le soc et le versoir. — A l'extrémité de la perche en arrière de la charrue on attache deux **mancherons** qui servent au laboureur pour la manœuvre de la charrue.

Dans une bonne charrue, le soc doit être large et tranchant afin de couper les racines des mauvaises berbes comme le chardon, l'arrète-bœuf, etc; le versoir doit retourner la bande de terre assez pour que l'herbe soit bien cachée ; le coutre doit être placé un peu en avant et en dehors de la pointe du soc et pénétrer à peu près à moitié de la profondeur du labour. Le travail doit se faire en employant le moins de tirage possible.

Dans beaucoup de charrues, la perche est soutenue par un avant-train. d'autres au contraire, n'ont pas d'avant-train, et la perche se soutient d'elle-même en équilibre par suite de la construction de la charrue. Les charrues sans avant-train ou **araires** exigent moins de tirage et sont moins coûteuses que les charrues à avant-train, la plus estimée est la charrue flamande perfectionnée par Mathieu de Dombasle.

Les labours se font en sillons, en planches ou encore à plat. Les labours en sillons sont les plus anciens, mais depuis très-longtemps les pays où la culture est pratiquée avec beaucoup de perfection ont abandonné les labours en sillons pour adopter les labours en planches : la culture en planches est, en effet, moins coûteuse que la culture en sillons, elle se prête mieux à l'emploi des instruments perfectionnés, le fauchage est beaucoup plus facile et plus prompt, les fourrages et les grains sont coupés beaucoup plus près de terre, les planches conviennent mieux aussi pour toutes les récoltes qui se sèment en lignes, comme la Pomme de Terre, la Betterave, le Colza, parce que l'on peut mettre entre les lignes, juste la distance convenable, tandis qu'avec les sillons si l'on ne plante qu'une seule rangée par sillon, la distance est trop grande et le terrain n'est pas bien utilisé ; si l'on met deux rangées, elles sont trop près à près.

Tous les terrains peuvent être cultivés en planches, il faut seulement avoir soin de ne pas les faire trop larges dans les terres humides ; la largeur de 4 mètres paraît être la plus convenable; dans les terres sèches on peut la doubler et la porter à 8 mètres et même plus, dans les terres argileuses mouillantes il est quelquefois utile de la réduire à 2 mètres.

La culture en planches n'est pas difficile, elle est même plus simple que la culture en sillons, cependant, en cela comme en toute autre chose, il faut faire un petit apprentissage. Les cultivateurs, qui voudraient essayer la culture en planches, feront bien de se renseigner d'abord, s'ils le peuvent, auprès de personnes qui connaissent bien cette culture, de ne labourer en planches qu'une petite étendue de terrain et ils ne devront pas se décourager si un premier essai n'a pas bien réussi, une autre fois, instruits par l'expérience, ils feront mieux. Il ne faut pas oublier que la charrue du pays ne convient pas pour labourer en planches.

Dans quelques contrées on laboure entièrement à plat, au moyen de charrues à deux corps dont l'un est hors de terre, tandis que l'autre travaille. Ces labours donnent de bons résultats.

En parlant de charrues, nous ne pouvons pas nous dispenser de dire un mot du labourage à la vapeur. La charrue à vapeur se compose de huit corps de charrue solidement fixés à un fort bâtis en charpente porté sur deux roues ; le bâtis est construit de telle sorte que pendant que quatre corps de charrue travaillent, les quatre autres sont soulevés hors de terre ; une machine à vapeur, à peu près semblable aux locomotives des chemins de fer, placée sur le bord du champ, donne le mouvement aux charrues, par le moyen d'un long cable en fil de fer qu'elle enroule sur un treuil comme on fait pour la corde d'un puits. Le labourage à vapeur est très-employé en Angleterre, on l'a essayé en France et les essais ont très-bien réussi.

Pour terminer ce que nous avons à dire sur les labours, il nous reste encore à parler de leur profondeur. Les hommes les plus habiles dans la culture en sont venus à porter la profondeur de leurs gros labours jusqu'à 30 et même 40 centimètres et ils obtiennent par ce moyen des récoltes énormes. On reconnaît aux labours profonds l'avantage d'être moins détrempés par les grandes pluies, de conserver beaucoup plus longtemps leur fraîcheur en été et de donner aux plantes plus de place pour étendre leurs racines. Mais tout en faisant connaître les grands avantages des labours profonds, il faut aussi parler de leurs difficultés.

Il n'est pas toujours possible de labourer à une profondeur de 30 ou 40 centimètres, quelquefois le terrain ne le permet pas, lorsque, par exemple, il renferme une grande quantité de grosses pierres, d'un autre côté, ce n'est que dans de très-grandes fermes que l'on peut avoir un attelage assez puissant pour faire de pareils labours. Sans pousser aussi loin le défoncement, on peut à peu près partout avec deux ou trois chevaux et une bonne charrue sans avant-train atteindre une profondeur de 18 à 20 centimètres, mais il faut agir avec beaucoup de prudence.

Dans certaines terres, les labours profonds produisent de suite d'excellents effets ; dans d'autres terres, au contraire, quand on laboure tout d'un coup beaucoup plus profondément que par le passé, on diminue les récoltes de grains pour plusieurs années, à moins qu'on ne mette en même temps une grande quantité de fumier. Cet effet peut se produire même quand la terre neuve, que la charrue ramène en dessus, n'a pas une mauvaise apparence.

Le plus sage parti est donc de n'approfondir le labour que peu à peu.

Ces observations sont très-importantes, surtout pour ceux qui veulent changer la culture en sillons pour la culture en planches. La couche moyenne de terre remuée par les labours en sillons est ordinairement de 8 à 10 centimètres, rarement plus, et cependant ces labours paraissent à l'œil avoir une profondeur beaucoup plus grande. Au contraire un labour en planches de 15 centimètres paraît très-peu profond, bien qu'il mélange moitié de terre neuve avec la terre anciennement cultivée. Il ne faut donc pas s'en rapporter au coup d'œil et prendre soin de mesurer l'épaisseur du labour afin de ne pas dépasser d'abord 15 centimètres, sauf dans de bonnes terres où l'on pourrait souvent avec avantage pénétrer jusqu'à 18 ou 20.

Faute de prendre cette précaution si simple, on s'expose à ramener trop de terre neuve et à rendre son champ mauvais pour plusieurs années; puis, au lieu de s'en prendre à sa propre maladresse, on dira que la culture en planches ne convient pas dans le pays.

Le travail de la charrue ne suffit pas pour ameublir le sol, il faut le compléter par l'action de la **herse**. Il y a des herses de bien des formes différentes, mais la plus estimée est celle imaginée, il y a environ quarante ans, par M. de Valcourt. La herse ne sert pas seulement à niveler et ameublir le sol, on l'emploie aussi à enterrer les graines.

Après le passage de la herse il reste encore quelques mottes, qu'il est utile de briser quand on veut semer des graines fines comme du chanvre ou de la graine de trèfle. Le **rouleau** convient très-bien pour cet usage. Un bon rouleau doit être court, sa longueur ne doit pas dépasser un mètre, autrement, tout son poids porte sur les bosses qu'il rencontre et les creux ne sont pas atteints; il doit avoir un poids assez considérable; 4 ou 500 kil. ne sont pas trop pour les terres fortes. Les meilleurs rouleaux sont en fonte, mais on en fait aussi en bois qui, quoique moins puissants, rendent encore beaucoup de services; ceux que l'on voit dans quelques fermes de notre contrée sont beaucoup trop longs et trop petits.

On emploie encore le rouleau avec beaucoup

d'avantage pour plomber la terre après la semaille, et au printemps sur les blés pour tasser la terre quand elle a été trop soulevée par les grandes gelées.

Avec les trois instruments dont nous venons de parler on peut faire de fort bonne culture, il en est encore un quatrième qui, sans être indispensable, peut cependant rendre de grands services. Ce quatrième instrument se nomme le **cultivateur** ou **scarificateur**.

Le cultivateur est une espèce de herse très solide, armée de 5 ou 7 ou 9 dents très-longues et extrêmement fortes; 5 dents suffisent pour la force de deux chevaux, les cultivateurs à 9 dents exigent ordinairement 4 chevaux. Un coup de cultivateur remplace souvent avec avantage un second labour, et il produit un excellent effet pour la destruction des mauvaises herbes à racines traçantes comme le chiendent, l'avoine à chapelet (masselote) la mille feuilles (saignenez).

LEÇON V.

Culture du Froment, du Seigle, de la Pomme de terre, etc.

Nous avons vu dans les précédentes leçons comment on enrichit la terre par les engrais et comment on la prépare par les labours et les hersages, nous allons maintenant parler de la manière de cultiver les plantes les plus utiles dans notre pays. Je ne parlerai que des semailles en planches, pour les semailles en sillons, tous les enfants de la campagne connaissent la manière de les faire dans leur pays.

Le **froment** demande une terre bien fumée, plutôt forte que légère; on le sème dans la seconde quinzaine d'octobre et la première quinzaine de novembre. Les semailles précoces sont ordinairement les meilleures, cependant il ne faudrait pas semer trop tôt, on aurait beaucoup de paille, mais peu de grain; passé le 15 ou le 20 novembre on s'expose beaucoup à ne pas réussir; quand on se trouve ainsi attardé, il faudrait souvent mieux laisser passer l'hiver et semer dans les premiers jours de mars du blé de printemps.

La quantité de semence à employer varie de 2 hectolitres à 2 hectolitres-et-demi par hectare, suivant les circonstances : pour les semailles précoces, il faut moins de semence que pour les semailles tardives; il faut aussi moins de semence dans une bonne terre que dans une mauvaise. En général, il vaut mieux semer un peu clair que trop épais.

On répand la semence à la volée, c'est-à-dire pu'on jette une poignée de grain tous les deux pas en l'étalant sur une largeur de 4 mètres, c'est un travail assez difficile à bien faire et qu'il serait trop long d'expliquer dans tous ses détails.

Il y a plusieurs manières d'enterrer la semence; on répand une demi-semence sur le terrain tel qu'il se trouve après l'arrachage du chanvre, de betteraves etc. , puis on donne un labour peu profond (8 à 10 centimètres) ; sur la terre labourée on jette la seconde moitié de la semence, puis on l'enterre par un coup de herse. Cette manière de semer réussit parfaitement dans une terre meuble et propre. Quand il y a beaucoup de mottes ou d'herbes, comme cela a lieu quand on sème sur un trèfle rompu, il faut commencer par labourer, puis semer sur le labour et enterrer la semence à la herse. Si le labour n'est pas parfaitement régulier, toute la semence tombe dans les creux et se trouve par conséquent mal égalisée; il vaut mieux, dans ce cas, ne répandre d'abord qu'une demi-semence, puis passer la herse, répandre ensuite le reste de la semence et l'enterrer par un second coup de herse.

Quand on a à sa disposition un **cultivateur**, on peut labourer quinze jours ou trois semaines à l'avance et dresser le labour par un hersage léger; lorsque le temps de la semaille est arrivé, on jette toute la semence en une seule fois, puis on l'enterre avec le cultivateur : la semence est ainsi mieux enterrée qu'avec la herse.

Au printemps, lorsque la terre a été battue par les pluies d'hiver, on fait beaucoup de bien au blé en lui donnant un coup de herse, et il ne faut pas se laisser effrayer parce que quelques pieds de blé sont arrachés et les autres tout couverts de terre ; un vieux proverbe dit qu'un herseur de blé ne doit jamais regarder derrière lui : il aurait peur de son ouvrage.

Si la terre au lieu d'être tassée par de grandes pluies a été soulevée par la gelée, ce n'est plus un coup de herse qu'il faut, c'est un coup de rouleau.

Lorsque le blé approche de sa maturité, ce qui a lieu dans notre pays vers le 20 ou le 25 juillet, il faut le surveiller avec soin et commencer la moisson aussitôt que les grains de blé se laissent couper à l'ongle comme de la cire. Il y aurait beaucoup d'inconvénients à tarder plus longtemps, car il pourrait survenir des orages qui occasionneraient de grandes pertes et d'un autre côté, le blé trop mûr s'égraine facilement et on en perd une assez grande quantité soit en fauchant soit en liant ou chargeant les gerbes.

Le blé se coupe à la faux ou à la faucille ; le travail de la faux est beaucoup plus rapide et moins coûteux.

Le blé étant coupé, on le met en javelles, puis on l'engerbe et on rentre les gerbes en dans les granges ou on les entasse en meules.

Il n'est pas prudent de lier en gerbes et de rentrer les grains aussitôt qu'ils sont coupés, la paille quoique très-sèche en apparence contient encore un peu d'humidité et l'on s'expose à ce que les grains moisissent dans les meules, et surtout dans les granges ; il faut laisser javeler 3 ou 4 jours. Lorsque la pluie survient pendant ce temps, on doit retourner les javelles tous les deux jours et même tous les jours dans certains cas, afin d'empêcher les grains de germer. Dès que le temps s'est remis au beau, on s'empresse d'engerber le blé aussitôt qu'il est bien sec et de le rentrer.

On peut s'éviter l'embarras de tourner et retourner la javelles en mettant le blé en moyettes. Il y a plusieurs manières de faire les moyettes : voici la plus simple. On prend trois javelles que l'on dresse debout en les appuyant l'une contre l'autre comme des fusils en faisceaux ; autour de ces trois javelles on en pose plusieurs autres également debout, de telle sorte que la moyette contienne la valeur de 3 ou 4 gerbes. Une moyette trop petite serait facilement renversée par le vent, une trop grosse ne sécherait pas assez promptement. Le blé peut être ainsi mis en moyettes lors même qu'il est mouillé par la pluie et l'on peut attendre sans crainte le retour du beau temps pour engerber.

Autefois le battage du blé se faisait au fléau, maintenant, on bat presque toujours à la machine ; les machines à battre sont trop connues pour qu'il soit utile d'en donner ici la description.

Au sortir de la machine, le grain est mélangé de balles, de poussière et de menue paille, on lui donne un premier nettoyage au moyen du **van** ou **tarare**, puis on complète ce nettoyage en le passant au crible. Cependant le criblage, avec quelque soin qu'on l'exécute, ne parvient pas à séparer convenablement du blé certaines graines de mauvaises herbes comme le vesceron, ou l'alène ; depuis quelques années ont est parvenu à construire des instruments nommés **trieurs** qui nettoyent le blé presque aussi bien qu'on pourrait le faire en prenant les grains un à un à la main.

Le **seigle** se contente de terres sablonneuses est maigres où le froment ne réussirait pas, il est aussi beaucoup moins exigeant sous le rapport de la fumure. On le sème un peu plus tôt que le froment, dès les premiers jours d'octobre, à raison de 2 hectolitres à l'hectare ; la culture du seigle est d'ailleurs la même que celle du froment.

L'orge veut une terre de consistance moyenne et très-bien ameublie, les terres très-argileuses et les terres sablonneuses ne lui conviennent pas. On sème l'orge dans la première quinzaine d'avril, à raison d'environ 2 hectolitres à l'hectare, on enterre la semence à la herse.

L'avoine s'accommode de terres de toute nature, elle réussit dans les terres très-sableuses et dans les terres très-argileuses, elle est beaucoup moins exigeante que l'orge sous le rapport de l'ameublissement et de la propreté du terrain. On sème l'avoine en mars ou dans la première quinzaine d'avril, à raison de 2 hectolitres à 2 hectolitres et demi à l'hectare ; on enterre la semence à la herse.

La **pomme de terre** est peut-être de toutes les plantes cultivées, la moins difficile sur la qualité du terrain et sa préparation, elle réussit dans les sables les plus maigres et dans les terres argileuses, cependant il ne convient pas de planter des pommes de terre dans les sols argileux parce que les pommes de terre qui en proviennent sont de mauvaise qualité, et que l'arrachage y est très-difficile quand la saison est pluvieuse.

La pomme de terre se plante en mars et avril, et même en mai, en lignes ou rangées espacées de 70 à 80 centimètres, en ménageant entre chaque pied dans la ligne une distance d'environ 40 centimètres. On plante derrière la charrue en ayant soin de laisser deux raies sans y mettre de pommes de terres et de n'en mettre que dans chaque troisième raie.

Peu de temps après que les pommes de terre sont levées, on leur donne un premier binage pour détruire les mauvaisses herbes ; un peu plus tard on donne un second binage, puis on renchausse avant la floraison. Les binages sont très-essentiels et il ne faut jamais les négliger si l'on ne veut pas voir la terre se remplir de mauvaises herbes, c'est une opération longue et coûteuse quand on la fait à la main, mais on peut économiser beaucoup de temps et de dépense en employant un instrument nommé **bineuse** ou **houe à cheval**; quand on n'a pas de bineuse, on peut se servir tout simplement d'une charrue dont on a démonté le versoir.

Quand les fanes des pommes de terre sont desséchées, on les arrache soit au croc, soit au moyen d'une petite charrue à deux versoirs qui peut aussi servir à renchausser. Ce dernier moyen est beaucoup plus économique.

Les pommes de terre sont très-sensibles à la gelée, il faut les mettre à l'abri dans les bâtiments et les couvrir de feuilles ou de paille dans le temps des grandes gelées. Quand on manque de place dans les bâtiments on peut mettre les pommes de terre dans des fosses où elles se conservent parfaitement. Pour cela, on creuse de petites fosses de 1^{m}30 à 1^{m}50 de large sur 50 ou 60 centimètres de profondeur et aussi longues qu'il est nécessaire; on décharge les pommes de terre dans ces fosses en les enfaîtant dans la forme des tas de pierre sur les grandes routes, puis on les recouvre d'une épaisseur de 50 centimètres de terre bien dressée avec dos de la pelle. Il faut avoir soin de ménager de 4 mètres en 4 mètres sur le haut du tas de petites ouvertures ou cheminées par où l'humidité puisse sortir ; on ne bouche ces ouvertures qu'au moment des grandes gelées.

Les fosses établies, comme nous venons de le dire, se nomment **silos**. Vers les premiers jours d'avril, il faut retirer des silos les dernières pommes de terres, elles se gâteraient si on les y laissait plus longtemps.

La **betterave** est une plante très-précieuse pour la nourriture du bétail en hiver ; il lui faut une terre argileuse plutôt que légère, et dans tous les cas bien fumée. La betterave se sème en mars ou avril et même jusque vers le millieu de mai, on la sème en lignes en laissant 70 à 80 centimètres entre les lignes et 30 à 40 centimètres entre les plantes dans la ligne. On met deux ou trois graines dans chaque trou, puis lorsque les betteraves sont levées et ont 4 ou 5 feuilles on les éclaircit en ne laissant qu'un seul plant dans chaque endroit. Les binages doivent être faits avec beaucoup de soin.

Au lieu de semer les betteraves en place, on peut aussi les semer en pépinière, puis les repiquer; cette méthode doit être préférée dans les terres très-fortes où la graine lèverait mal et toutes les fois que le terrain ne peut pas être préparé convenablement avant le commencement de mai.

Les betteraves se conservent très-bien en silo.

Les **choux** aiment beaucoup la fraicheur, ils ne réussissent pas bien dans les terres sèches et légères. On les sème toujours en pépinière, puis on les repique en lignes distantes de 1 mètre environ avec 80 centimètres ou 1 mètre de distance entre les plants dans la ligne. On peut semer en août pour repiquer en novembre, et récolter les feuilles au commencement de l'été suivant. On peut aussi semer en mars ou avril, pour repiquer en juin et récolter les feuilles en hiver et jusqu'au printemps suivant.

LEÇON VI.

Plantes fourragères.

Un nombreux bétail, est le signe certain d'une bonne agriculture et l'on ne peut entretenir un nombreux bétail, qu'à la condition de faire beaucoup de fourrages.

Autrefois, on ne connaissait pas d'autre fourrage que l'herbe des prés, c'est une ressource insuffisante parce que les prés ne donnent un produit satisfaisant que dans les terres fraîches qui ne se trouvent pas partout et que d'un autre côté, les prés ne peuvent être pâturés qu'assez tard dans la saison, On connaît maintenant un grand nombre de plantes fourragères, de telle sorte qu'il n'est pour ainsi dire pas de terre qui ne puisse produire du fourrage, et qu'un cultivateur soigneux parvient à nourrir son bétail au vert, depuis la fin de mars jusqu'en décembre.

Les prés ne demandent pas de travail, mais il est très-nécessaire de les fumer, ce que l'on néglige trop souvent. Pour cela on peut employer non-seulement du fumier, mais aussi des débris de toutes sortes dont on ne pourrait faire un autre usage, comme des balayures de rues, des curures de mares ou de fossés. Des balles de grains arrosées plusieurs fois avec du purin de fumier forment un excellent engrais; la charrée convient encore très-bien dans les prés.

Le **trèfle rouge** ordinaire se sème en mars et

avril avec l'orge ou l'avoine ou même dans le blé à raison de 15 kilog. par hectare; la graine demande à être très-peu enterrée; on obtient l'année suivante deux coupes d'excellent fourrage. On a l'habitude dans notre pays de faire revenir le trèfle tous les quatres ans, c'est trop souvent; déjà les récoltes de trèfle sont beaucoup moindres qu'il y a une trentaine d'années, et l'on finira par ne plus pouvoir en obtenir. Il faudrait ne semer de trèfle que dans une moitié de la cotaison et ensemencer d'autres fourrages dans la seconde moitié.

Le **trèfle incarnat** se sème en août ou au commencement de septembre à raison de 18 à 20 kilog. par hectare; on enterre la semence à la herse. Il n'est pas nécessaire de labourer le terrain avant la semaille. Le trèfle incarnat donne pendant la seconde quinzaine de mai une coupe de très-bon fourrage vert; ce fourrage perd presque toute sa qualité quand il est converti en foin, il ne vaut alors guère mieux que de la paille.

La **vesce** est une des plantes fourragères les plus précieuses; on en cultive deux espèces; la vesce d'hiver et la vesce de printemps. La vesce d'hiver se sème a la fin de septembre ou au commencement d'octobre à raison de 2 hectolitres à l'hectare auxquels on ajoute ordinairement 40 ou 50 litres d'avoine d'hiver; l'avoine a pour but de soutenir les vesces qui sans cela se coucheraient par terre et seraient exposées à pourrir. La vesce d'hiver donne deux coupes, la première en mai et la seconde en juillet.

La vesce de printemps se sème depuis le commencement de mars jusqu'à la fin de mai ; on la sème aussi en août après la récolte des grains, mais à cette époque elle produit ordinairement très-peu et il vaut mieux semer un fourrage d'une croissance plus prompte. En semant des vesces tous les quinze jours à partir du mois de mars, on peut se procurer du fourrage pendant tout l'été et remplacer ainsi un trèfle qui aurait manqué.

La **luzerne** est certainement la meilleure des plantes fourragères, malheureusement elle ne réussit pas dans tous les terrains. Il lui faut absolument une terre profonde, dont le sous-sol ne retienne pas l'humidité. Une pièce de terre que l'on veut ensemencer en luzerne doit être d'abord préparée par une récolte de pommes de terre ou autre récolte sarclée bien fumée et soigneusement binée ; au printemps de l'année suivante, on sème la luzerne à raison de 30 kilogrammes à l'hectare, on peut semer en même temps une demi-semence d'orge ou de sarrasin. La luzerne donne chaque année trois et même quatre coupes de très-bon fourrage : elle peut durer de 6 à 10 ans, et même plus, suivant la nature du terrain.

Le **sainfoin** convient particulièrement aux terres calcaires, c'est-à-dire qui contiennent beaucoup de chaux, il y donne un bon produit même quand elles sont de mauvaise qualité. Le sainfoin se sème au printemps, comme la luzerne, à raison de 4 à 5 hectolitres à l'hectare ; il peut durer 5 ou 6 ans, il ne donne qu'une coupe chaque année, deux coupes au plus dans les terres riches. C'est un excellent fourrage.

Le **ray-grass** ou **ivraie vivace** se sème, soit en automne après la récolte des grains, soit au printemps avec l'orge ou l'avoine comme le trèfle; on obtient l'année suivante deux coupes de fourrage très-bon en vert, mais de qualité médiocre quand il est converti en foin. Il faut mettre 50 kil. de graine à l'hectare.

La **moutarde blanche** ou **herbe au beurre** se sème au mois d'août, le plus tôt possible après la récolte, à raison de 12 kilog. de semence à l'hectare; sa croissance est très-prompte et elle procure pendant toute l'arrière saison, jusqu'aux gelées, un fourrage très-convenable pour les vaches laitières.

Le **seigle** en vert est aussi un assez bon fourrage, précieux surtout à cause de sa précocité. Quand le seigle doit être consommé comme fourrage vert, il faut le semer dès la fin de septembre; il est bon à couper au commencement d'avril.

Le **navet** peut être semé depuis le mois de juin jusqu'au milieu d'août; 1 kilog. de graine suffit pour un hectare quand la terre est bien ameublie et fraîche, quand au contraire elle est sèche et qu'on a lieu de craindre que beaucoup de graines ne lèvent pas, on emploie 3 ou 4 kilog. de graine. Vers la fin de novembre, les navets sont assez gros pour être consommés par le bétail, on les arrache à mesure du besoin; la consommation peut se prolonger jusque vers la fin de décembre; à cette époque, les grandes gelées font presque toujours perdre aux navets leur qualité. Quand on a encore beaucoup de navets, on les arrache et on les entasse dehors dans le voisinage des bâtiments en les recouvrant de paille; on ne pourrait les conserver en silos parce qu'ils pourrissent trop facilement.

Lorsque la saison n'a pas été favorable, il arrive assez souvent que les navets restent très-petits, on peut les laisser en terre; au mois de mars, ils montent et vers la fin de ce mois ou dans les premiers jours d'avril, on les fauche pour les donner aux vaches comme fourrage vert. Bien qu'il ne soit pas de très-bonne qualité, cependant les vaches le mangent avec plaisir, parce qu'il est le premier de la saison.

Quand on sème des navets exprès pour cet usage, il faut les semer un peu plus épais et mettre 5 à 6 kilog. de graine à l'hectare.

Au moyen des fourrages dont nous venons de parler, un cultivateur soigneux peut nourrir ses bestiaux au vert depuis le commencement d'avril jusqu'à la fin de novembre; mais il lui faut aussi pourvoir à leur nourriture depuis le mois de décembre jusqu'à la fin de mars, pour cela il faut qu'il convertisse en foin une partie de ses fourrages.

Les fourrages destinés à être fanés doivent être fauchés au moment de leur pleine floraison; en les coupant plus tôt on perdrait sur la quantité, en les coupant plus tard la qualité serait moins bonne et on perdrait sur la coupe suivante, s'il s'agit d'un fourrage qui donne deux coupes. Pour la luzerne, il ne faut pas toujours attendre qu'elle soit fleurie pour la couper, on doit y mettre la faux dès que le pied commence à jaunir, et que les feuilles basses se flétrissent et tombent.

Il y a deux manières très différentes de sécher le foin selon la nature du fourrage.

Pour les prés ordinaires et les ray-grass, on étend l'herbe à la fourche de bois aussitôt qu'elle est fauchée, puis on la retourne en la secouant deux ou trois fois dans la journée, le soir on la met en buteaux pour passer la nuit et le lendemain, aussitôt que la rosée est dissipée, on l'étend de nouveau, on la retourne, puis on la met en buteaux plus forts que la veille. Le troisième jour, si le foin n'est pas encore assez sec, on l'étend et on le retourne comme les deux premiers jours; enfin, quand on le juge assez sec, on le rentre dans les greniers, ou mieux on l'entasse en meulons dans le pré pour ne le rentrer que dix ou quinze jours plus tard. Un cultivateur soigneux ne doit jamais faucher à la fois plus de fourrage qu'il n'en peut convenablement travailler et il ne doit jamais laisser de foin passer la nuit sans être en buteaux.

Le trèfle, la luzerne, le sainfoin et les vesces ne peuvent pas être fanés comme l'herbe des prés : si on les secouait, on ferait tomber toutes leurs feuilles qui sont la partie la plus nourrissante. On les laisse en ondins pendant deux jours, puis on retourne les ondins sans les secouer; au bout de 2 ou 3 jours, les ondins sont ordinairement assez secs pour être mis en petits buteaux, ces petits buteaux n'ont plus besoin d'être étendus, mais seulement tournés sens dessus dessous; après deux ou trois jours on réunit les petits buteaux en gros buteaux d'une vingtaine de bottes de foin; enfin, quand le foin parait assez sec on le met en meulons.

Cette méthode est lente, mais elle demande très-peu de main d'œuvre et réussit parfaitement, même quand le temps est à la pluie, il faut seulement alors laisser les buteaux un peu plus longtemps sans les assembler, en ayant soin de les retourner souvent.

Quand le temps est très-beau, on peut étendre les ondins et les retourner la première journée pendant que le fourrage est encore vert, mais aussitôt qu'il commence à sécher, il faut le laisser en buteaux et se garder de le secouer.

Il y a encore une autre manière de faner qui peut être utile dans les années très-pluvieuses ou pour des regains tardifs. On rassemble en meulons l'herbe encore toute verte et lorsqu'elle s'est échauffée au point de ne plus pouvoir tenir la main dans le meulon, on le démonte et on étend l'herbe; au bout de 2 ou 3 heures, elle a perdu la plus grande partie de son humidité. On remonte alors le meulon, en ayant soin de mettre au milieu du tas l'herbe qui était en dehors et on le laisse s'échauffer de nouveau, puis on étend le foin une seconde fois et en très-peu de temps il est sec. Le foin ainsi obtenu est brun, il est cependant très-bon, surtout pour les bêtes à l'engraissement.

LEÇON VII.

Assolements.

Dans quelques contrées où l'art de cultiver la terre est encore très-peu avancé, on fait succéder les récoltes les unes aux autres sans observer aucune règle, mais l'expérience a montré depuis très-longtemps que cette méthode est mauvaise et qu'il vaut beaucoup mieux faire revenir les récoltes sur chaque champ d'une manière régulière et toujours la même. Cette succession régulière des récoltes se nomme **assolement.**

Prenons pour exemple l'ancien assolement **triennal** ou de trois ans qui était autrefois pratiqué par presque tous les cultivateurs de nos pays : il était ainsi constitué :

1re année. Jachère.
2e année. Blé.
3e année. Orge ou Avoine.

La première année était consacrée à la jachère, c'est-à-dire que l'on fumait et labourait le champ plusieurs fois sans lui faire rien produire, puis au mois d'octobre on semait du blé que l'on récoltait la seconde année, enfin la troisième année on faisait de l'orge ou de l'avoine.

Pour avoir chaque année une égale quantité de chaque récolte, on partageait toutes les terres labourables de la ferme en trois soles ou cotaisons; la première était en jachère, la seconde en blé, la troisième en orge; la sole de jachère était ensemencée en blé au mois d'octobre, la sole qui avait produit du blé était ensemencée en orge au printemps suivant, la sole qui avait produit de l'orge était travaillée en jachère l'année suivante et ainsi de suite.

Il va sans dire que, dans les terres trop légères ou trop pauvres pour le blé, on semait du seigle, et que l'orge était remplacée par l'avoine toutes les fois qu'on le jugeait utile.

Quand on a commencé à cultiver le trèfle, on a trouvé commode de le semer dans l'orge ou l'avoine, il occupait alors la place de la jachère, et comme c'était un grand avantage d'obtenir ainsi deux bonnes coupes de fourrage presque sans frais, certains cultivateurs en sont venus à semer du trèfle dans toute leur sole d'orge, de manière qu'ils n'avaient plus de jachère et leur assolement se trouvait ainsi constitué :

1re année. Blé.
2e année. Orge.
3e année. Trèfle.

Mais on ne tarda pas à s'apercevoir que la terre n'étant plus soumise à la jachère se remplissait de plus en plus de mauvaises herbes et l'on en vint à ne plus semer de trèfle que dans la moitié de la cotaison d'orge, en sorte que cette cotaison se trouvait l'année suivante moitié en trèfle et moitié en jachère; on avait soin, au retour de la cotaison, d'ensemencer en trèfle la moitié qui avait été jachérée et de jachérer la moitié qui avait porté du trèfle. De cette manière on a en quelque sorte un assolement de 6 ans :

1re année. Jachère.	4e année. Trèfle.
2e année. Blé.	5e année. Blé.
3e année. Orge.	6e année. Orge.

Cet assolement est encore très-fréquemment pratiqué dans la Sarthe et dans la Mayenne, mais la jachère a été presque entièrement remplacée par une récolte sarclée, c'est-à-dire une récolte qui se sème ou se plante en lignes et qui peut être sarclée et binée, comme la pomme de terre, la betterave, etc.

Dans une assez grande partie de la Sarthe, au lieu de dédoubler l'ancien assolement triennal on y a ajouté une année de récolte sarclée et on en a fait ainsi un assolement de quatre ans :

1re année. Pommes de terre ou chanvre.
2e année. Blé.
3e année. Orge.
4e année. Trèfle.

Maintenant que nous savons ce que c'est qu'un assolement, nous allons étudier les principales conditions auxquelles un bon assolement doit satisfaire.

Il faut que la jachère ou les récoltes sarclées reviennent assez souvent pour entretenir la terre convenablement nettoyée de mauvaises herbes.

Entre la récolte d'une plante et la semaille de celle qui doit suivre, il faut qu'il se trouve assez de temps pour bien préparer le terrain.

On doit éviter de faire deux récoltes de grains l'une après l'autre.

Le trèfle doit être semé dans la première récolte de grains qui suit la récolte sarclée.

L'étendue de terre consacrée à la culture des fourrages doit être assez grande pour assurer la nourriture d'un bétail assez nombreux pour produire le fumier dont on a besoin.

Appliquons ces principes aux assolements dont nous avons déjà parlé.

Dans l'ancien assolement triennal, une année de jachère tous les trois ans, maintenait le sol très-propre, mais c'est un procédé très coûteux puisque la terre reste, une année sur trois, sans rien produire; d'un autre côté il faut remarquer que cet assolement ne produisant pas de fourrages, suppose, en outre des terres labourables, une assez grande étendue de prés.

Avec l'assolement triennal redoublé, la jachère ne revient que tous les six ans, cela ne suffit, pour détruire les mauvaises herbes, que dans les terres qui n'en produisent pas beaucoup; on cultive toujours deux récoltes de grains l'une après l'autre, ce qui n'est pas d'une bonne pratique; le trèfle est semé dans la seconde récolte de grains et l'expérience a montré qu'il réussit beaucoup moins bien à cette place que quand on le sème dans la première récolte de grains.

L'assolement de quatre ans, tel qu'on le pratique dans la Sarthe, a aussi de graves défauts : on y fait deux récoltes de grains l'une après l'autre, le trèfle est semé dans la seconde, et de plus une récolte de trèfle tous les quatre ans, c'est trop souvent : au bout d'un certain temps le trèfle finit par ne plus donner que de mauvais produits.

Voici quelques exemples de bons assolements :

1re année. Récoltes sarclées.
2e année. Grains.
3e année. Fourrages.
4e année. Grains.

La première année est occupée par des récoltes sarclées, c'est-à-dire des pommes de terre, betteraves, choux ou chanvre. — La seconde année, on prend une récolte de grains, blé, seigle, orge ou avoine selon le besoin et la qualité de la terre. — La troisième année est consacrée à la production des fourrages ; on doit prendre soin de n'ensemencer que la moitié environ en trèfle afin qu'il puisse ne revenir à la même place que tous les huit ans. — Enfin à la quatrième année, on fait encore une récolte de grain, blé ou autre selon l'état de la terre.

Cet assolement est très-répandu surtout dans le nord de la France et en Angleterre.

Voici un autre exemple :

1re année. Récolte sarclée.	**4e année.** Grains.
2e année. Grains.	**5e année.** Fourrages.
3e année. Trèfle.	**6e année.** Grains.

Les assolements, dont nous venons de parler, sont bien préférables à ceux qui sont généralement pratiqués dans notre pays, cependant il ne faut pas oublier qu'un changement dans l'assolement est une opération très-importante et très-difficile ; on ne doit pas l'entreprendre sans y avoir mûrement réfléchi et sans en avoir bien calculé toutes les conséquences.

LEÇON VIII.

Le Bétail.

Les bestiaux, de quelque espèce qu'ils soient, ne peuvent donner de profit, qu'à la condition d'être bien soignés, c'est-à-dire bien logés et bien nourris.

Le logement des animaux doit être, autant que possible, à l'abri de l'humidité et de l'excès du froid et de la chaleur, il doit être assez grand pour que l'air ne soit pas corrompu par la respiration des animaux et par l'odeur du fumier, chaque bête doit avoir une place assez large pour pouvoir se coucher commodément. Les murs doivent être pourvus d'ouvertures convenables pour assurer le renouvellement de l'air, mais il faut veiller attentivement à ce que les bestiaux ne soient jamais exposés directement aux courants d'air, ce qui pourrait leur occasionner de graves maladies, surtout aux chevaux lorsqu'ils rentrent du travail.

La nourriture doit être abondante et de bonne qualité, il faut la distribuer à des heures toujours exactement les mêmes, autant que possible, et en quantité égale ; rien n'est plus mauvais pour les animaux que d'avoir trop de nourriture un jour et pas assez le lendemain.

Pour les élèves et les animaux à l'engrais, la ration n'est jamais trop forte, mais il n'en est pas de même pour les animaux de travail et pour les vaches laitières; quand on leur donne de trop fortes rations, l'excès de nourriture se transforme en graisse qui leur est plus nuisible qu'utile, et c'est autant de perdu ; il faut régler leur ration de telle sorte qu'ils se maintiennent toujours en bon état. Il est du reste fort rare dans notre contrée de voir des animaux trop gras, tandis qu'on en rencontre malheureusement beaucoup dont la maigreur annonce une nourriture insuffisante.

Il serait trop long de parler ici avec quelque détail des diverses espèces de bestiaux et de leur élevage, je dois me borner à dire quelques mots de l'entretien de celles qui sont le plus généralement utiles dans le pays.

Chevaux. — Le cheval est un animal très-précieux pour la culture à raison de son adresse et de sa docilité; le bœuf est aussi fort et convient parfaitement pour le travail de la charrue, mais le cheval est bien préférable pour la plupart des autres travaux; il est cependant d'une bonne économie dans les grandes fermes d'avoir quelques bœufs qu'on engraisse pour la boucherie après avoir utilisé leur travail.

La nourriture la plus convenable pour les chevaux est le foin et la paille, 10 kilog. de foin et 5 kilog. de paille forment une ration convenable pour des chevaux de moyenne taille. Lorsque les chevaux travaillent beaucoup, il est indispensable d'y ajouter quelques litres d'avoine, mais lorsque les chevaux n'ont que peu de travail à faire comme cela a lieu le plus souvent dans les fermes pendant l'hiver, on peut remplacer l'avoine par du son qui est moins coûteux.

Pendant l'été, les chevaux s'entretiennent très-bien avec du fourrage vert, à la condition qu'il ne soit pas trop tendre, mais s'ils ont à faire un service fatigant, il faut toujours leur donner une ration d'avoine.

Chaque matin un charretier soigneux doit étriller et brosser ses chevaux et même quelquefois les laver; ces soins de propreté sont fort utiles pour maintenir les animaux en bonne santé. Il doit aussi veiller attentivement à l'état de la ferrure et avertir le maître aussitôt qu'il s'aperçoit que des fers sont usés, cassés ou décloués.

Bêtes bovines. — Les bêtes bovines donnent lieu à plusieurs spéculations différentes : le cultivateur peut se borner à faire des élèves; il peut acheter des bœufs maigres pour les engraisser; il peut aussi entretenir des vaches laitières et tirer de leur lait du beurre ou du fromage.

Les élèves se contentent de fourrages d'une qualité médiocre et s'accommodent très-bien de la nourriture au pâturage, pendant une grande partie de l'année. L'élevage donne généralement moins de profit que l'engraissement ou les vaches laitières; c'est donc dans les fermes qui n'ont pas d'assez bons fourrages pour l'engraissement ou qui ne trouvent pas facilement à bien vendre le beurre ou le fromage qu'il convient de faire des élèves.

L'engraissement exige des fourrages de première qualité et en grande abondance ; on engraisse des bestiaux au pâturage, mais il faut pour cela d'excellentes prairies comme on en trouve en Normandie ; il est évident que l'engraissement au pâturage ne peut se faire que pendant l'été. On peut aussi engraisser à l'étable, alors il faut ajouter aux fourrages verts ou secs une bonne ration d'orge moulue et pendant l'hiver des pommes de terre ou betteraves cuites On ne doit pas craindre de trop bien nourrir les bœufs ou vaches à l'engrais, car il ne faut pas oublier que moins l'engraissement dure de temps et plus il donne de profit.

Les vaches laitières n'ont pas besoin d'une nourriture aussi abondante ni surtout aussi riche ; le fourrage vert un peu tendre est ce qui leur convient le mieux : pendant l'hiver, on leur donne du foin et de la paille avec une ration de 15 kilog. environ de navets ou de betteraves. Quand les vaches mangent de la paille en trop grande quantité, comme cela a souvent lieu dans notre contrée, elles ne donnent que peu de lait et le beurre qui en provient n'est pas de bonne qualité.

Le lait peut être employé de trois manières différentes : on peut le vendre, ou en retirer le beurre ou encore le convertir en fromage.

C'est en vendant le lait qu'on en tire le plus grand profit, mais cela n'est possible que dans le voisinage des villes.

Presque toutes les fermes de notre pays emploient le lait à la fabrication du beurre ; pour cela, aussitôt que le lait est tiré, on le verse à travers un tamis très fin, dans des pots que l'on dépose dans la laiterie. On fabrique depuis quelques années des pots à lait en fer battu étamé, larges et peu profonds ; ces pots, d'une contenance de 10 litres, sont bien préférables aux anciens pots en grès. Peu à peu la crême monte et se rassemble au-dessus du lait; quand elle est entièrement montée, on soutire le lait et on verse la crême dans un grand pot de grès. Dans certains cantons, on a l'habitude de laisser cailler le lait avant de l'écrémer, c'est une mauvaise pratique, le beurre prend un goût désagréable et le dessous de lait ne fait plus que du fromage de qualité très-inférieure.

Pour avoir de très-bon beurre, il faut baratter le plus souvent possible, deux ou trois fois par semaine si on le peut. Il y a un grand nombre d'espèces de barattes mais la plus commode me paraît être la baratte normande ou baratte tonneau : c'est tout simplement un baril tournant au moyen d'une manivelle, une large bonde que l'on ferme avec un morceau de liége sert à verser la crême et à retirer le beurre. Le travail avec la baratte-tonneau est beaucoup moins fatigant qu'avec la baratte ordinaire à pilon.

Quelle que soit du reste la forme de la baratte que l'on emploie, voici comment on doit s'y prendre : il faut d'abord amener la crême à un dégré de chaleur convenable (de 15 à 18 degrés du thermomètre) ; dans l'hiver, on la réchauffe en mettant le pot à crême, pendant une demi-heure environ, dans un baquet plein d'eau chaude ; dans l'été, on la rafraichit en mettant dans le baquet au lieu d'eau chaude, de l'eau sortant du puits : quand la crème est trop froide, le beurre se fait difficilement, quand elle est trop chaude, le beurre est mou. Il est également nécessaire de passer dans la baratte de l'eau chaude ou de l'eau froide suivant la saison. Aussitôt que la crême est parvenue au degré de chaleur convenable, on la verse dans la baratte et on commence à baratter ; au bout d'une demi-heure environ, le beurre doit être fait. On le lave à grande eau, on l'élaite puis on le façonne en pains.

La fabrication des fromages gras, c'est-à-dire de ceux que l'on fait avec le lait non écrémé, est une opération trop compliquée et trop difficile pour qu'il me soit possible de la décrire ici, je ne parlerai que de la façon du fromage maigre, c'est-à-dire du fromage fait avec le lait dont on a retiré la crême.

Aussitôt que la crême est montée et sans attendre que le lait se soit caillé naturellement, on soutire le petit lait dans un pot en grès et on y ajoute une très petite quantité de tournure délayée dans une cuillerée de lait, on remue bien pour mélanger. La tournure, qui peut être préparée de différentes manières, se trouve sur presque tous les marchés. On doit avoir grand soin de ne pas mettre une trop grande quantité de tournure ; le fromage se ferait mal et prendrait un mauvais goût. Pendant l'été, il faut moins de tournure, pendant l'hiver, il en faut un peu plus

La race Mancelle est la plus répandue dans la Sarthe, la Mayenne et le Maine-et-Loire : elle n'est pas bonne laitière, mais ses bœufs sont assez estimés pour la boucherie. Les croisements de la race Durham réussissent mieux avec la race Mancelle qu'avec toute autre race française, et les bœufs provenant d'un taureau Durham et d'une vache Mancelle sont souvent aussi bons que des bœufs de pur sang Durham.

Cochons. — Les cochons que l'on élève dans la Sarthe sont très-estimés pour la qualité de leur chair, mais ils sont difficiles pour la nourriture ; on trouve maintenant assez facilement à se procurer des cochons de race anglaise dont la chair est tout aussi bonne et dont la nourriture et surtout l'engraissement sont beaucoup moins coûteux. On nourrit les cochons avec du lait écrémé auquel on ajoute des feuilles de chou et souvent des feuilles d'ormeau pendant l'été, et pendant l'hiver des pommes de terre cuites ; on donne aussi aux cochons les premières pommes qui tombent des arbres et qui ne sont pas assez mûres pour en faire du cidre. Quand on veut terminer l'engraissement des cochons, on ajoute à leur ration ordinaire une certaine quantité d'orge bouillie ou moulue. Les cochons anglais n'ont pas besoin pour engraisser de ce supplément de ration.

LEÇON IX.

Arbres fruitiers.

Les arbres fruitiers peuvent se diviser en deux grandes classes : les arbres qui produisent les fruits de table et ceux qui produisent les fruits à cidre.

Les fruits de tables sont : les cerises, les prunes, les poires et les pommes ; la production des cerises et des prunes n'est avantageuse que dans les petites fermes situées très-près des villes, parce que le serrage de ces fruits exige beaucoup de main-d'œuvre, qu'il faut le faire au moment précis de la maturité, et qu'une fois serrés, la vente ne peut être différée d'un seul jour. Les poires et surtout les pommes demandent beaucoup moins de main-d'œuvre pour le serrage, leur conservation et leur transport sont beaucoup plus faciles ; quand leur prix est trop peu élevé on a la ressource de les ajouter aux fruits à cidre.

Les fruits à cidre sont les pommes, les poires et les cormes.

On plante très-souvent les arbres fruitiers dans les pièces de terre labourable, mais tous les bons cultivateurs reconnaissent maintenant que c'est une mauvaise méthode à cause du tort très-considérable que font les arbres aux récoltes : la terre qui se trouve dans le voisinage des arbres ne produit que très-peu de chose et malgré cela, il faut la labourer et l'ensemencer comme le reste du champ. Il vaut beaucoup mieux remplir d'arbres une pièce de terre que l'on convertit en pât. rage dès que les arbres sont devenus assez grands pour nuire a x récoltes. Une pièce de terre argileuse, de mauvaise qualité, en pente trop forte, mal exposée, est parfaitement convenable pour cet usage.

L'époque la plus favorable pour la plantation des arbres fruitiers est le mois de mars; dans les terres légères on devance un peu cette époque, tandis que dans les terres argileuses on est quelquefois obligé de retarder la plantation jusqu'à la fin d'avril. es jeunes arbres doivent être plantés dans des trous arges de 1 m. à 1 m 25 avec une profondeur de 70 c. environ; il est bon que ces trous aient été préparés quelque temps à l'avance, c'est-à-dire dès le commencement de l'hiver.

Au moment de planter, on commence par rejeter un peu de terre dans le trou, puis on pla e l'arbre au milieu et pendant qu'un homme le tient dans une bonne position, un autre recouvre les racines avec la meilleure terre, puis on achève de combler le trou.

Chaque année, pendant l'hiver, on doit bécher au pied des arbres fruitiers et les fumer de temps en temps. Il faut également prendre soin de les émond r quelquefois, c'est-à-dire d'enlever le bois mort et de couper quelques branches lorsqu'elles sont trop près les unes des autres afin que l'air et le soleil puissent pénétrer aisément.

Les cerises et les guignes doivent être serrées au moment précis de leur maturité et portées au marché le plus tôt possible. Les prunes peuvent au besoin attendre quelques jours. Pour les pommes et les poires, on a plus de temps, mais il ne faut pas cependant trop tarder, car les fruits très-mûrs tombent au moindre vent et les meurtrissures qu'ils se font en tombant ne permettent ni de les vendre comme fruits de table, ni de les conserver. Les pommes et poires de table doivent être serrées une à une, à la main et par un temps sec, jamais à la rosée ou peu de temps après la pluie; on les dépose avec soin dans un grenier ou autre lieu parfaitement sec en prenant la précaution de ne pas trop les entasser dans la crainte de les faire pourrir. Il est très-nécessaire de visiter souvent les fruits afin d'enlever ceux qui se gâtent, car ils feraient gâter les autres. Quand viennent les grands froids, on ne doit pas négliger de les recouvrir d'une bonne couche de paille pour les préserver de la gelée.

Les fruits à cidre n'ont pas besoin d'être récoltés avec autant de précautions, on en fait tomber la plus grande partie en secouant les branches de l'arbre et on abat le reste au moyen d'une gaule longue et flexible. En frappant avec la gaule, il faut faire beaucoup d'attention à ne pas casser les petites branches qui doivent donner du fruit les années suivantes. On dépose les fruits à cidre sur un lit de paille placé dans une cour ou mieux encore sous un hangar.

Pour faire de bon cidre, une condition des plus essentielles est une propreté minutieuse : aussitôt qu'un fût est vide, il faut le laver, et lorsque le cidre qu'il contenait était aigre ou que le fût a une mauvaise odeur, on doit le laver avec un lait de chaux vive délayée dans de l'eau ; on laisse séjourner l'eau de chaux dans la barrique pendant plusieurs jours, puis on lave à grande eau.

L'époque la plus convenable pour faire le cidre est le mois de décembre, cependant quand un assez grand nombre de pommes pourrissent, il ne faut pas attendre davantage, car il y aurait beaucoup à perdre tant sur la quantité que sur la qualité.

On doit avant tout laver avec soin le moulin à broyer, les cuviers ou tonneaux où l'on dépose le marc, le pressoir et en un mot tous les objets qui servent à la préparation du cidre, puis on commence le broyage. Les pommes écrasées sont déposées dans des cuviers ou des tonneaux où on les laisse macérer pendant 24 heures environ; au bout de ce temps, on passe le marc au pressoir, en ayant soin de ne pas presser trop fortement d'abord, et de serrer à mesure que le cidre cesse de couler. Quand on a serré autant que possible et que le cidre ne coule plus, on desserre le pressoir, on recoupe et mélange le marc, puis on le soumet à une seconde pression.

Après cette seconde pression, le marc est remis dans la cuve, on y ajoute de l'eau et on le laisse tremper pendant un ou deux jours, puis on le presse de nouveau, et l'on obtient ainsi du petit cidre moins fort que le cidre pur et d'une conservation moins longue, mais cependant très-sain et agréable à boire.

Au sortir du pressoir, le cidre doux, aussi nommé moût, est versé dans des fûts que l'on remplit jusqu'à la bonde ; bientôt le cidre entre en fermentation et le bouillonnement rejette par la bonde beaucoup de lie, on a soin de tenir les tonneaux toujours pleins en y versant de temps en temps quelques litres de cidre.

Quand la première fermentation s'est apaisée et que la lie s'est déposée, on soutire une première fois, puis on place la bonde sur les fûts sans la serrer trop fortement. Il s'opère alors une seconde fermentation beaucoup moins active que la première, qui achève de donner au cidre toute sa qualité. On soutire une seconde fois au mois de mars. Ces soutirages, surtout celui du mois de mars, doivent être faits par un beau temps et jamais par un temps orageux parce qu'alors le cidre pourrait fermenter avec trop d'activité, et devenir aigre.

Le cidre, quand il a été bien préparé, se conserve très-bien pendant deux ans.

LEÇON X.

Bâtiments. — Chemins.

Bâtiments. — Toute ferme doit être pourvue de bâtiments suffisants pour loger tout le bétail qu'elle peut nourrir, pour ramasser au moins une bonne partie des fourrages et des gerbes de grains, pour conserver les grains battus et enfin pour mettre à l'abri du soleil et de la pluie les voitures, charrues et autres instruments.

En parlant des bestiaux, nous avons examiné les conditions les plus essentielles des bâtiments destinés à les loger. Il nous reste encore à dire quelques mots des granges et greniers.

Dans beaucoup de fermes, on a établi les greniers à foin au-dessus des étables et écuries : c'est une disposition convenable, mais à la condition que le plancher soit établi avec assez de soin pour que l'odeur du fumier et des animaux ne puisse pas le traverser, autrement une partie du foin pourrait être gâtée.

Quelques fermes ont des granges assez spacieuses pour y ramasser toutes leur gerbes de grains ; c'est une chose excellente, mais ce n'est pas indispensable Cependant il est très nécessaire d'avoir une grange suffisante pour y mettre à l'abri quelques voitures de gerbes et pour y rentrer une voiture toute chargée quand on se trouve surpris par la pluie. Il doit encore s'y trouver assez de place pour déposer les grains au sortir de la machine à battre et pour les vanner ; et même, dans les grandes fermes, il est fort utile de pouvoir placer la machine à battre dans la grange, afin de profiter des jours de mauvais temps pour battre les grains.

Les granges murées en pierre sont certainement les meilleures, cependant de simples hangars couverts sont beaucoup moins coûteux et peuvent rendre presque autant de services.

Peu de de fermes ont de bons greniers, c'est cependant une chose fort importante. Un bon grenier doit être pavé en carreaux de terre cuite, et les murs doivent être enduits tout à l'entour de ciment romain. L'entrée du grenier doit être disposée de telle sorte qu'un homme puisse, sans trop de peine, y monter un sac de blé, et que l'on y puisse faire entrer un moulin à vanner, afin de donner aux grains un second nettoyage sans être obligé de les descendre.

Chemins. — Tous les cultivateurs savent combien il est important d'avoir de bons chemins pour charroyer les engrais, les récoltes et les marchandises qu'on livre au marché ; malheureusement il en est fort peu parmi eux qui sachent comment il faut s'y prendre pour réparer un chemin en mauvais état. C'est cependant très-facile et en général peu coûteux.

La plus grande cause, je dirais presque la seule cause du mauvais état des chemins, c'est l'eau qui séjourne dans les ornières et dans les creux ; la première chose à faire lorsqu'on veut réparer un chemin, consiste donc à assurer un écoulement aux eaux de pluie. Pour cela, on établit de chaque côté du chemin des fossés proportionnés à sa largeur, et on rejette sur le milieu du chemin la terre qui a été tirée des fossés; ces fossés doivent avoir une pente regulière. Plus la pente du terrain est faible et plus il faut donner de largeur et de profondeur aux fossés, parce qu'alors l'écoulement de l'eau a lieu avec moins de promptitude.

Dès que les fossés sont terminés, on en profite pour faire écouler l'eau qui peut se trouver dans les ornières ou dans les creux. Le chemin étant bien assaini, on comble les ornières, on remplit de terre les creux et on recharge le milieu du chemin avec de la terre prise des deux côtés de manière à lui donner un bombement bien marqué.

Quand un chemin a été nouvellement terrassé, il faut éviter d'y passer aussitôt après une grande pluie, et si l'on a été obligé d'y passer, il faut s'empresser de combler les ornières aussitôt que le chemin est sec

Un chemin, établi comme nous venons de le dire, se maintient généralement en très-bon état, pourvu qu'on ait soin de combler de temps en temps les ornières en ramenant toujours la terre vers le milieu du chemin, afin de maintenir le bombement Cependant, quand le chemin est très-fréquenté ou que la terre se défonce trop facilement, il faut recourir à l'empierrement. Pour cela, on se sert de pierres cassées à la grosseur d'un œuf environ, dont on recouvre le chemin sur une épaisseur de 10 à 15 cent. Mais le point essentiel est toujours d'assurer le prompt écoulement de l'eau, là où l'eau séjourne la pierre s'enfonce dans la boue et le chemin reste toujours mauvais.

LEÇON XI.

Économie. — Comptabilité.

C'est beaucoup, sans doute, que de savoir produire de belles récoltes et que de bien réussir dans l'élevage ou l'engraissement des diverses espèces de bestiaux, mais cela ne suffit pas, car on peut avoir tous les ans de superbes récoltes et cependant faire de très-mauvaises affaires. Le but final de l'agriculture, c'est le profit.

L'Economie rurale ou **Economie de l'agriculture** est précisément la partie de la science qui étudie et qui enseigne les moyens de retirer de la culture de la terre le plus grand profit possible.

La véritable économie ne consiste pas à dépenser toujours le moins qu'on peut, mais à ne faire aucune dépense qui ne soit profitable. Ainsi, le cultivateur qui achète un mauvais instrument parce qu'il le paie un moindre prix, fait une détestable économie, tandis que celui qui dépense, beaucoup à acheter des engrais est un très-bon économe.

Quand on parle de dépense, il ne faut pas entendre par là seulement les dépenses en argent, mais aussi les dépenses en travail, en fourrages, en paille et autres denrées, car toutes ces choses ont une valeur, et cette valeur peut très-facilement être estimée en argent.

Il n'est pas rare d'entendre des cultivateurs dire, en parlant de la paille, du fourrage, etc, : « Cela ne coûte rien, puisque nous ne l'achetons pas. » Rien n'est plus faux qu'un semblable raisonnement, rien n'est plus contraire à la véritable économie. Le fourrage ne coûte rien! Mais ne faut-il pas payer le loyer et les impôts du champ qui le produit? N'a-t-il pas fallu acheter la graine, la semer, puis faucher, faner et rentrer le fourrage? Tout ce travail ne s'est pas fait pour rien.

Oublions un instant ce que le fourrage a coûté, supposons même qu'il n'a rien coûté; mais il peut produire quelque chose, c'est une raison suffisante pour que l'on prenne soin d'en faire un bon emploi. Ce que nous venons de dire des fourrages est vrai pour tous les autres produits de l'agriculture : la paille, le bois, les pommes de terre, le beurre, etc. Le temps aussi doit être ménagé, car le temps, c'est de l'argent.

La première règle de l'économie, c'est de ne rien laisser perdre; vous prenez toutes les précautions possibles pour qu'il ne tombe pas un sou de votre bourse, prenez donc bien garde aussi de laisser perdre les urines de vos bestiaux ,les purins de vos tas de fumier, veillez à ce qu'il ne se perde pas non plus de paille à travers les cours ou de fourrage dans les étables, tâchez surtout de ne pas perdre de temps et de n'en pas laisser perdre aux domestiques ou journaliers qui travaillent pour vous.

La seconde règle, c'est de dépenser à propos, autant qu'il le faut, mais pas davantage, car tout ce qui est mal dépensé est perdu. Avant donc de faire aucune dépense, il faut calculer avec soin ce qu'elle rapportera. Supposons qu'un cultivateur ait le désir d'acheter une machine à battre, voici comment il devra raisonner : le prix de la machine est de 500 francs, ce qui fera chaque année 25 francs d'intérêts, à cela il faut ajouter un dixième de la somme, 50 francs, pour représenter les réparations et l'usure, c'est donc environ 75 francs que la machine coûtera chaque année, reste à savoir si elle économisera cette et il est en outre nécessaire de placer les pots à cailler dans un endroit chaud.

Au bout de quelques heures, le lait est parfaitement caillé, on le met alors dans des moules en terre, nommés foisselles où il s'égoutte. Quand le fromage est devenu assez ferme pour se soutenir, on le retire de la foisselle, on le sale et on le dépose sur une claie en bois où il achève de s'égouter, deux ou trois jours après, il peut être mangé. On peut conserver plus longtemps ces fromages en les faisant sécher sur un lit épais de paille de seigle placé dans un grenier.

Races bovines. — L'espèce bovine se divise en un assez grand nombre de races qui diffèrent les unes des autres par la couleur, par la taille, par la forme et les dimensions de la tête et des cornes, etc., et aussi par les qualités. Les unes fournissent d'excellents bœufs de travail, d'autres se distinguent par la facilité de l'engraissement, d'autres sont renommées pour l'abondance et la qualité de leur lait. C'est au cultivateur de choisir une race, suivant l'usage qu'il en veut faire, car il est tout à fait impossible de trouver une race très-convenable pour tous les genres de services en même temps.

Les vaches Normandes ou Cotentines sont les meilleures beurrières ; les vaches Bretonnes sont aussi très-bonnes beurrières, et elles ont l'avantage de se contenter d'une nourriture grossière, mais leur petite taille est un grave inconvénient.

Pour les animaux de boucherie, on donne généralement la préférence à la race anglaise de Durham.

somme sur les frais de battage, en tenant compte de l'avantage qu'il y a à battre promptement et aussi de ce qu'il reste moins de grain dans la paille.

Prenons un autre exemple : Quand on passe le râteau sur les prés pour ramasser le foin qui a échappé à la fourche, il ne faut pas chercher à faire ce travail avec trop de perfection, car on pourrait bien arriver à dépenser 50 centimes de temps pour ramasser 25 cent. de foin. Il y a ainsi beaucoup de travaux en agriculture qu'il ne convient pas de faire trop minutieusement. Un bon cultivateur doit savoir distinguer le point précis auquel il doit s'arrêter : en faisant moins bien, il y aurait perte, en faisant mieux, la dépense serait exagérée.

Nous avons déjà dit, en parlant du bétail, qu'il ne faut pas donner aux animaux de travail et aux vaches laitières une trop forte nourriture, car alors une partie de la nourriture se transforme en graisse et la graisse est plus nuisible qu'utile à ces animaux.

Toutes les récoltes que l'on cultive n'exigent pas les mêmes dépenses de main-d'œuvre ; ainsi la culture du blé, de l'orge ou des fourrages donne beaucoup moins de travail que celle de la betterave et de la pomme de terre. D'un autre côté, une récolte quelconque demande à peu près la même quantité de main-d'œuvre, quelque soit son produit ; supposons deux champs de chacun un hectare, cultivés en pommes de terre, le premier est de bonne terre bien fumée et le second de mauvaise terre sans fumier, il ne faudra pas plus de travail pour cultiver le premier champ que le second, et cependant il donnera une récolte deux ou trois fois plus abondante.

De là ressort cette conséquence, qu'il ne faut pas cultiver dans les terres pauvres des récoltes qui exigent beaucoup de main-d'œuvre comme la pomme de terre, la betterave, le chanvre, les haricots.

Comptabilité. — La comptabilité ou tenue des livres est appelée à rendre de très-grands services à l'agriculture; elle a une double utilité: d'abord elle apporte la lumière dans toutes les opérations et fait connaître au cultivateur la véritable situation de ses affaires; en second lieu, elle lui permet de distinguer quels sont les produits qui donnent le plus de bénéfices et quel est le meilleur emploi des récoltes. Ainsi voilà un fermier qui entretient des vaches pour le beurre, en même temps il fait des élèves et engraisse des bœufs; il y a là trois spéculations distinctes, dont l'une est certainement plus profitable que les deux autres; la comptabilité fait connaître quelle est la meilleure. Dans les fermes où l'on cultive beaucoup de pommes de terre, on les fait souvent consommer à des cochons, on peut aussi les vendre; ici encore la comptabilité fera connaître à partir de quel prix il devient plus avantageux de vendre les pommes de terre que de les faire consommer aux cochons.

Pour obtenir tous les bons résultats que l'on peut en attendre, il faut que la comptabilité soit tenue sous la forme que l'on nomme dans le commerce : **En parties doubles.** Il serait trop long d'expliquer ici la manière de la tenir, je ne puis qu'essayer d'en donner une idée. On ouvre un compte pour chaque sorte de récoltes : blé, pommes de terre, fourrage, etc. ; et de même pour chaque espèce de bétail : chevaux, vaches, cochons, etc., plus un compte de main-d'œuvre, un compte de caisse, pour l'argent reçu ou dépensé et un compte de frais généraux pour les dépenses qui ne peuvent pas être rapportées à une récolte ou à une espèce de bétail en particulier, comme le loyer, les impôts, les réparations des instruments etc.

Chacun de ces comptes occupe deux pages du registre ; sur la page gauche, on inscrit toutes les dépenses soit en argent, soit en fourrages, paille, main-d'œuvre, etc , sur la page droite on inscrit le produit, qu'il soit vendu ou consommé.

Prenons pour exemple le compte de vaches ; on écrira sur la page à gauche la valeur des fourrages, pailles, betteraves, etc., consommés par les vaches ; la valeur du temps passé à les soigner, à préparer et à porter au marché le beurre ou les fromages. Sur la page à droite on porte le prix du beurre et des veaux que l'on vend, la valeur du lait, du beurre et du fromage que l'on consomme, et aussi la valeur du fumier que l'on recueille. A la fin de l'année, on fait l'addition et l'on voit d'une manière certaine ce que les vaches ont coûté et ce qu'elles ont produit. De même pour tous les autres comptes.

Quoique la tenue d'une comptabilité en parties doubles ne présente pas de difficultés sérieuses et ne demande que peu de temps, cependant elle exige une certaine habitude de l'écriture et du calcul que beaucoup de cultivateurs ne possèdent pas. Faute de mieux, on fera bien de se contenter d'une comptabilité moins complète, mais plus simple. On ne saurait trop engager les cultivateurs à écrire du moins leurs recettes et leurs dépenses, ce qu'ils doivent et ce qui leur est dû, les quantités de grains, de beurre, de lait, etc., qu'ils consomment. Il est aussi fort utile, quoiqu'à un moindre degré, de tenir note des produits de toute nature à mesure qu'on les récolte, et du temps employé à certains travaux.

Des écritures si simples ne peuvent évidemment pas donner les mêmes résultats qu'une comptabilité complète; elles ont cependant pour effet d'aider puissamment le cultivateur à mettre de l'ordre dans ses affaires. Or, ne l'oubliez pas, l'ordre est la meilleure des conditions pour réussir dans quelque entreprise que ce soit : l'homme d'ordre peut éprouver des difficultés et des embarras, mais il parvient toujours à les surmonter et il est fort rare que ses efforts ne soient pas couronnés de succès.

Problèmes Agricoles

Sur l'Addition — Un fermier a récolté 483 gerbes dans un champ, 638 dans un autre, 356 dans un troisième et 897 dans un quatrième, combien a-t-il recolté de gerbes en tout ?

Un fermier a semé en blé 4 pièces de terre, la première contient 2 hectares 25 ares, la seconde 92 ares, la troisième 4 hectares 38 ares et la quatrième 3 hectares 43 ares, quelle étendue a-t-il semée en totalité ?

Sur la Soustraction. — Un cultivateur a vendu un cheval 545 fr., il a ensuite acheté une vache 487 fr., combien lui reste-t-il ?

Un cultivateur avait dans son grenier 43 hectolitres 65 litres de blé, il en a vendu 27 hectolitres 80 litres, combien lui en reste-t-il ?

Sur la Multiplication. — Un cultivateur a vendu 17 hectolitres 60 litres de blé à raison de 23 fr. 75 l'hectolitre, combien doit-il recevoir ?

Un cultivateur veut semer en Avoine 2 hectares 86 ares de terre à raison de 2 hectolitres 25 litres de semence par hectare, on demande combien il lui faudra de semence?

Un champ a 167 mètres de long sur 158 de large, combien contient-il d'hectares, ares et centiares ?

Sur la Division. — Un pain de 6 kilog coûte 2 fr. 10, à combien revient le kilogramme?

Un garçon de ferme gagne 295 fr. par an, combien cela lui fait il par jour?

Une barrique de cidre contenant 225 litres a coûté 32 fr. 50, à combien revient le litre de cidre ?

Un champ contient 2 hectares 35 ares, il a produit 2 hectolitres 30 litres de blé, combien a-t-il rendu par hectare ?

Problèmes div rs. — L'hectolitre de blé vaut 23 fr. 50, combien vaut le double décalitre?

Le double décalitre d'avoine vaut 2 fr. 25, combien vaut l'hectolitre?

L'hectolitre de blé vaut 24 fr 50, il pèse 76 kilog, combien valent les 100 kilog ?

Le double décalitre d'orge vaut 2 fr. 80, il pèse 13 kilog. combien valent les 100 kilog?

100 kilog. de farine produisent 135 kilog. de pain, combien 285 kilog produiront ils de pain ?

100 kilog de blé produisent 70 kilog. de farine, 100 kilog. de farine donnent 135 kilog. de pain, combien 1 double décalitre de blé pesant 15 kilog. donne-t il de pain ?

Un veau pèse 72 kilog. poids vif, (c'est-à-dire

pesé vivant) on le vend 57 fr. 60, à combien ressort le prix du kilog. poids vif?

Un veau pesait 65 kilog. poids vif, ses quatre quartiers (chair nette) pesant 35 kilog. 706, quel est le rendement de chair nette pour 100 kilog. de poids vif?

Un bœuf pèse 657 kilog. poids vif, combien rendra-t-il de chair nette, le rendement moyen d'un bœuf étant 53 pour 100? et combien vaudra ce bœuf à raison de 1 fr. 45 le kilog. de chair nette?

TABLE DES MATIÈRES

LE MANS. — IMPR. LEGUICHEUX-GALLIENNE. — 584.

www.ingramcontent.com/pod-product-compliance
Ingram Content Group UK Ltd.
Pitfield, Milton Keynes, MK11 3LW, UK
UKHW020949180726
13838UKWH00003B/1226

9 782329 382319